2015·12·2

景观速写

——钢笔的语言

胡祥龙　著

安徽师范大学出版社

·芜湖·

一个人的速写

为者常成，行者常至。

什么是速写？心有所想，看到的世界即不安稳，追索在街头巷尾，追索在异域他乡。看见不同的建筑，我便怀揣着各种心情，用简单的线条，简单地表达。呼吸自由自在的空气，在那片天空，一定有自由飞翔的鸟。人是复杂的，却热衷追寻简单的快乐。说我是为了记录也好，为了传达视觉感受也好，我更乐意说是在记录自己的内心。我看着那座山岭，看到一棵棵倔强生长的树。树下清澈绿荫恬静，芬芳透彻。万物有灵且美。

我喜欢说自己是一个粗糙的手艺人，自由发挥对所见所想的感受，快则30秒，慢则半小时。我喜欢速写这样直奔主题的性质。用线条抒写自己的内心，不受材质、技巧的限制，自由地发挥，自由地表达透视感、延伸感。用构图去和建筑沟通，用线条的疏密，笔触的节奏，体块的明暗，构建画面不同的氛围。我不断体会到更好的角度，发现一次次难以逾越的美感。浓的、重的、暗的、亮的、虚的、实的。每一次新的尝试，带给我以新的感觉。我的速写常常用不一样的构建方式，也常常不过分强调技巧的作用，仅仅是直接地表达最简单的速写效果。

速写从来就不讲究面面俱到，而应该突出主次分明、虚实有度，引导似的去表达对待物的感受。直接勾勒，不用犹豫不决，不用仔细斟酌。用色调、阴影、色彩，表达建筑的特征带给你的感受，这样才更能打动人。

速写要时常练，这样才可能潇洒出手。对于线条把握要灵敏，对于画面的表达要注重自己内心的感受，这样才可能画出大胆奔放流淌的线条乃至整幅有个人风格的建筑速写。

速写中由繁入简、举一反三的思索，能让画者对建筑设计熟稔于胸。速写不要太小心翼翼，瞻前顾后，要锻炼自己的胆识。速写是优美的语言，也是一个人的语言，更是能将自己的情绪传达给大家的语言。

目录

材料、线条　001

透视　007

步骤　017

赏析　027

2015.11.21

材料、线条

钢笔

钢笔是学习建筑速写时最常用的工具，由于钢笔便于携带和可以存储墨水的特性，使钢笔受到许多初学者的喜爱。另外，不同类型的钢笔有很多不同种类金属笔尖，可以画出不同效果的线条。利用不同笔尖的钢笔，可以营造出不同的层次和效果。

钢笔笔尖：英雄359笔迹

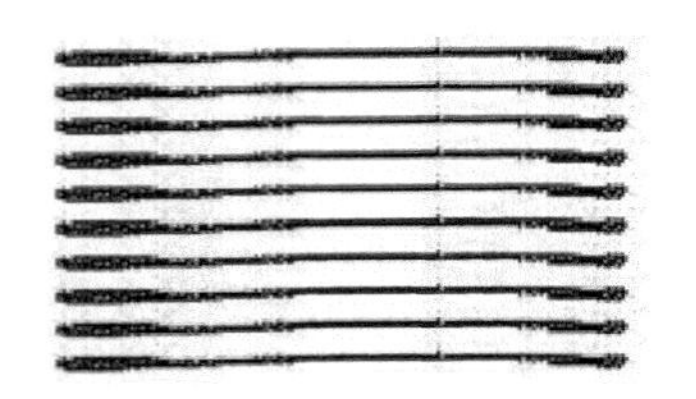

钢笔笔尖：英雄1303笔迹

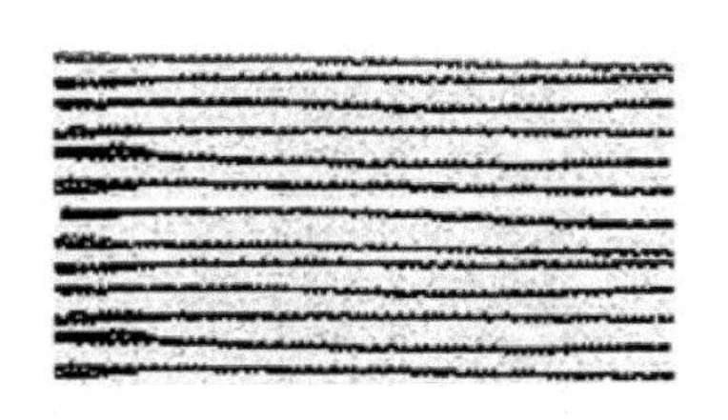

针管笔

市面上最常见的针管笔是樱花和三菱两个品牌，两种不同品牌的笔在手感和效果上并没有太大不同，可根据喜好自行购买。针管笔的型号主要以粗细分别，由细到粗表现出的效果也不同。比如0.2mm到0.5mm的针管笔可以用来表现线条，而软头、毡头针管笔则可以用来表现面。一幅速写不可能只用一只笔，而是需要不同粗细软硬的笔配合，才能使画面完整并富有层次感。但针管笔须注意不能用力过猛，不然笔头容易出现损坏开叉。

针管笔：0.2mm笔迹

针管笔：0.45mm笔迹

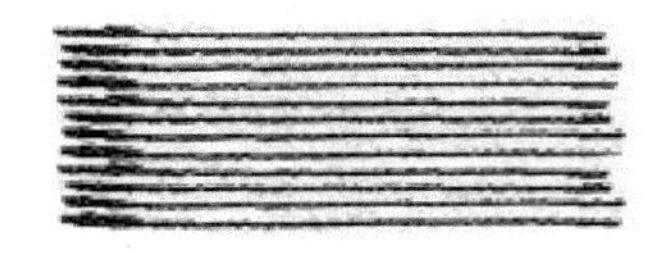

针管笔：0.25mm笔迹

针管笔：0.5mm笔迹

针管笔：0.35mm笔迹

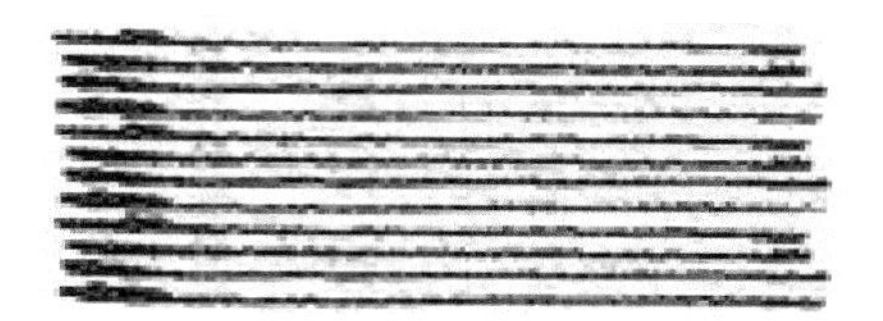

毡头笔笔迹

马克笔

马克笔拥有更多颜色和笔尖可供选择，但其体积较大、品种多，外出携带不方便。方头马克笔的笔尖画出的线条可以随笔尖角度的变化改变，而圆头马克笔画出的线条更加流畅圆滑。圆头马克笔多用于黑白速写的后期上色，初学者可以少量购买。

马克笔：方头正面笔迹

马克笔：方头侧面笔迹

马克笔：圆头笔迹

铅笔

铅笔总体上来说分为硬铅和软铅。铅芯越硬，画出来的线条越浅；铅芯越软，线条颜色越深。一般在速写中HB到8B的应用比较普遍，不同型号的铅笔单独或者组合来用，能呈现出不同的纹理和层次。铅笔中还有一种炭铅笔，炭铅笔最大的特点在于画出的线条比普通铅笔更加柔和易于表现层次，但是不容易保存。

自动铅笔笔迹：

HB铅笔笔迹：

2B铅笔笔迹：

4B铅笔笔迹：

6B铅笔笔迹：

炭铅笔笔迹：

线条练习

画速写线条区别于画绘画线条的地方在于画速写线条的用力点在肩膀。如果用力点在手指，那画出来的线条可能长度有限，如果用力点在手腕，那线条可能会出现不受控制的弯曲，所以以肩膀为支点来画线可以画出不同长短和变化的线条，并且线条看起来更加有力。

另外，在练习线条的初期，可以以小拇指为支点，手在这个稳定点上滑动，可以减少线条的弯曲程度。

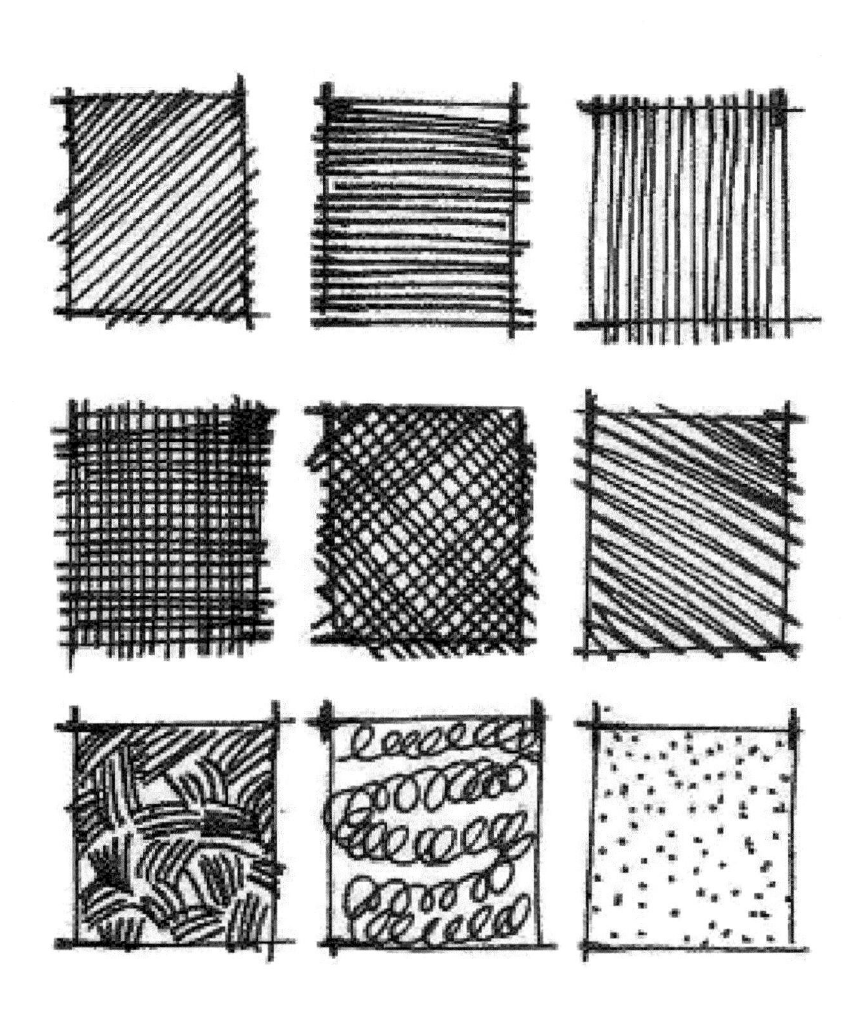

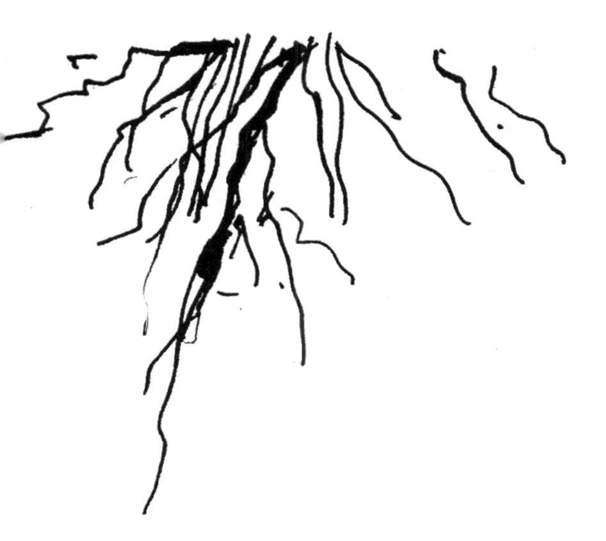

透视

透视

透视是用来将二维的平面图形转化为三维图形的方法。掌握好透视的规律和基本原则，才能为画好建筑速写打下基础。而透视需要掌握的基本原则如下：

1. 地平线与视平线通常来说是一致的。

2. 消失点可以有一个、两个或者三个，具体情况要根据观察位置和物体的关系而定。

3. 消失点始终处在地平线上。

一点透视

一点透视又叫作平行透视，画面只有一个消失点，物体的立面与视平线垂直，其余面由消失点延伸至物体立面形成。

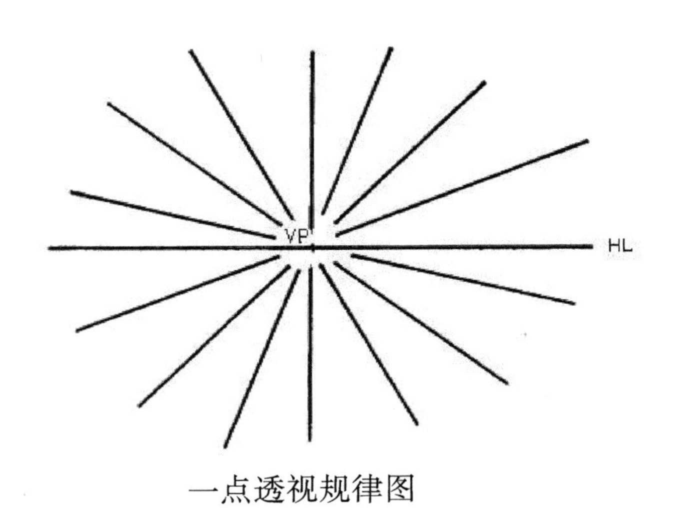

一点透视规律图

消失点：VP
地平线：HL

单个物体的一点透视

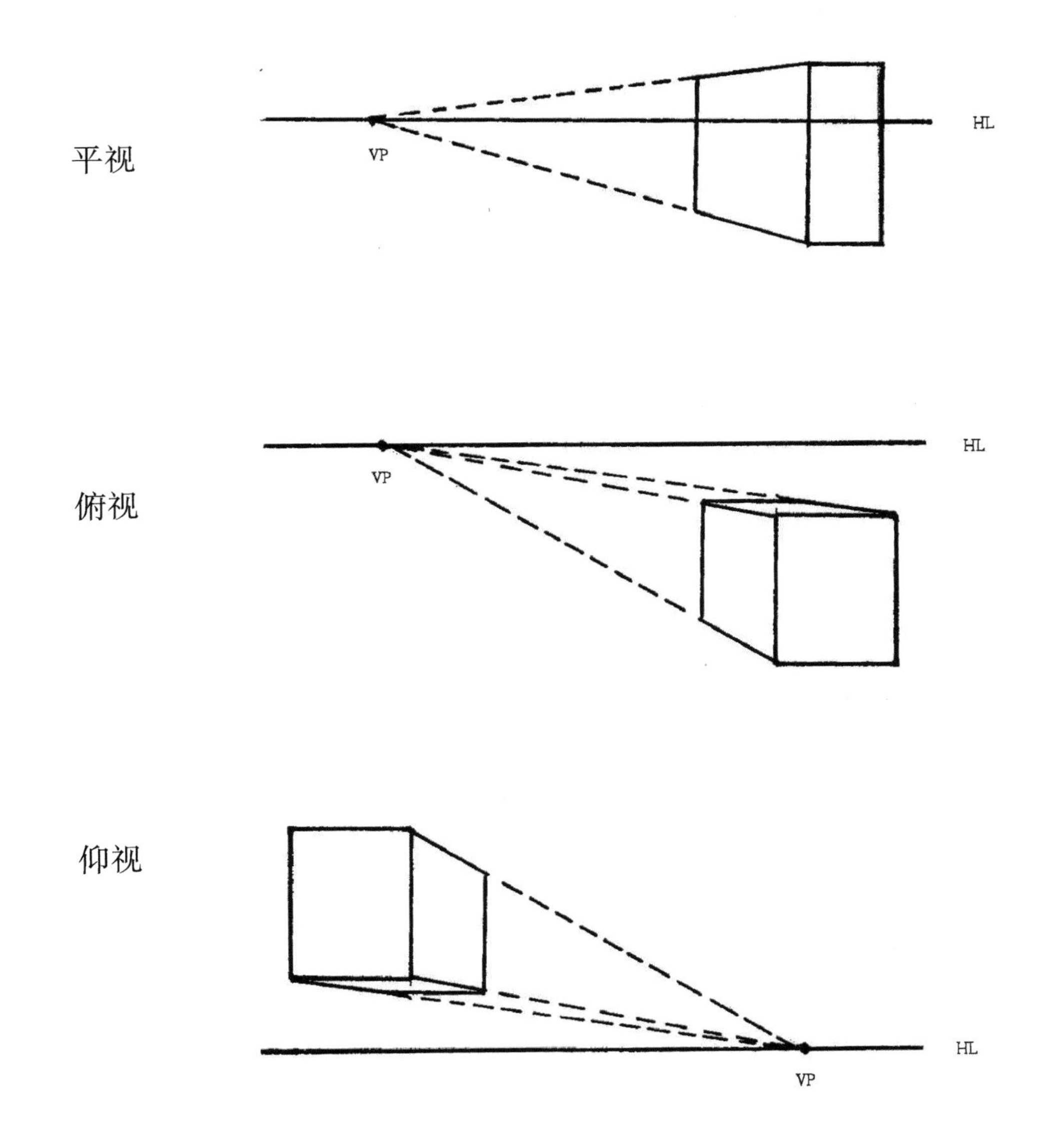

多个物体的一点透视

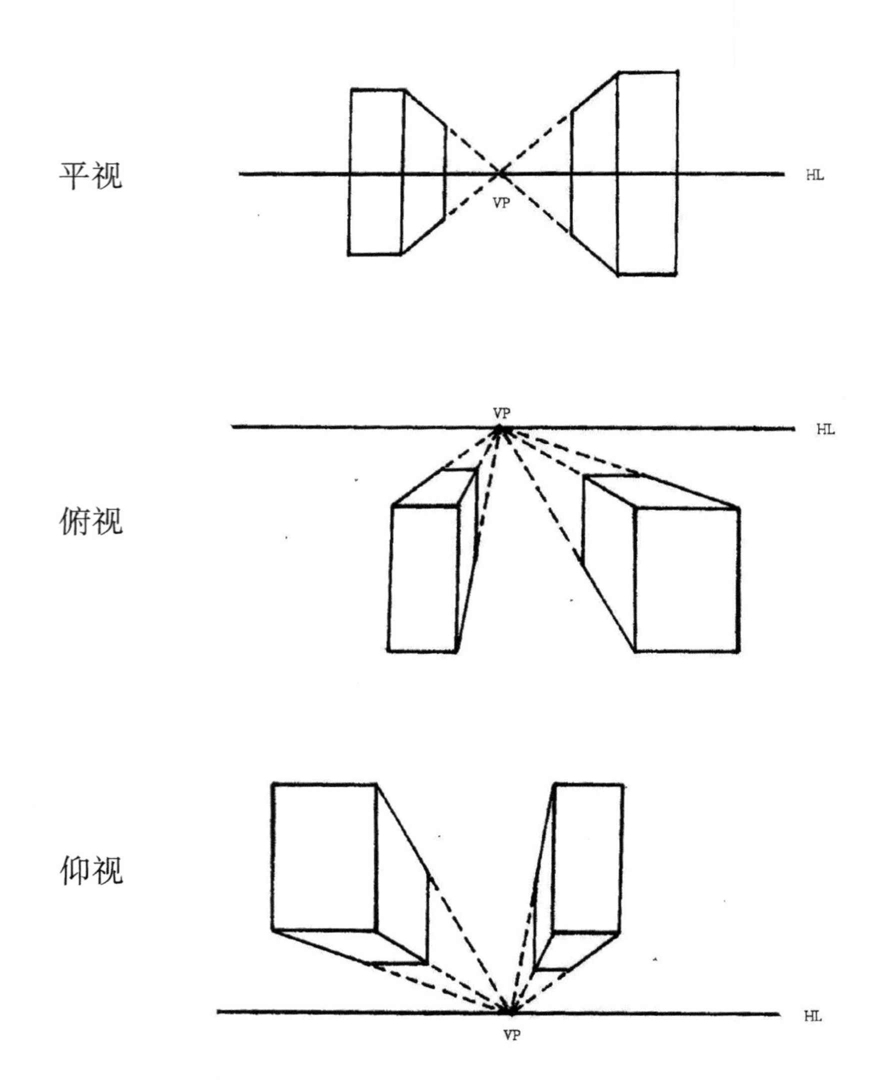

观察者与物体的位置关系图

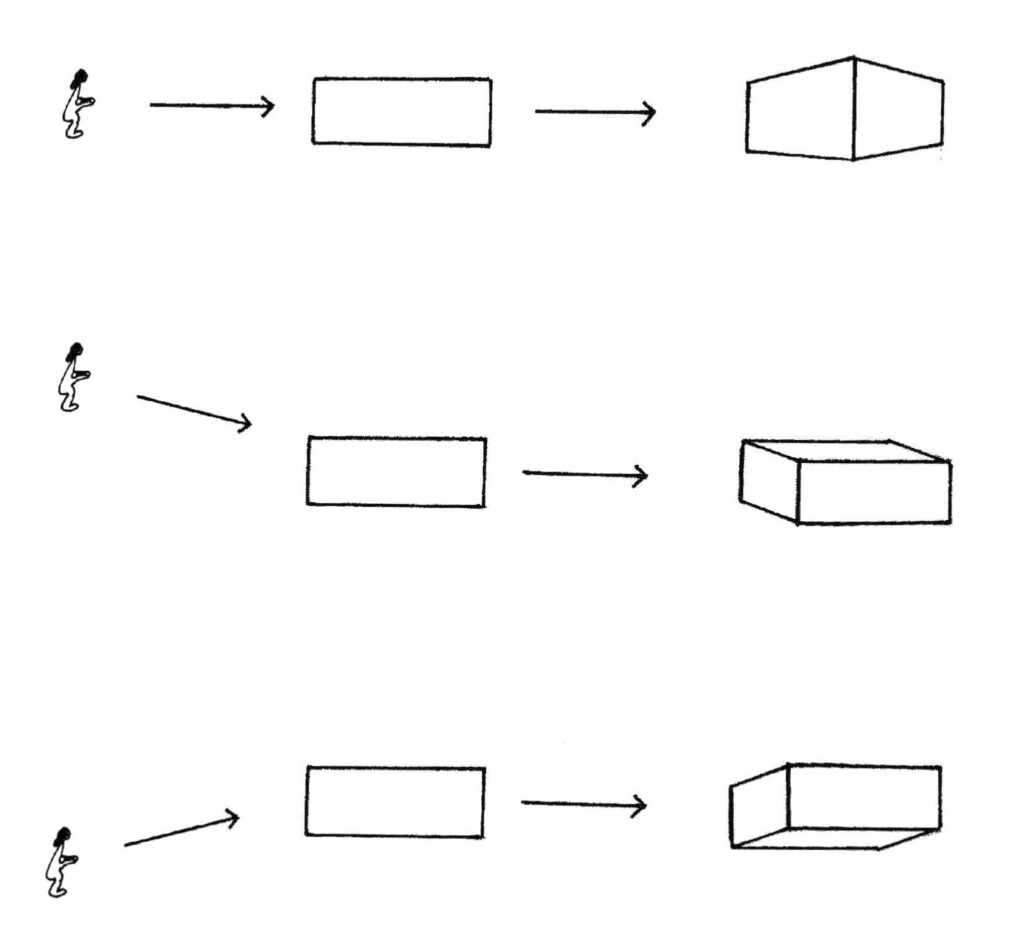

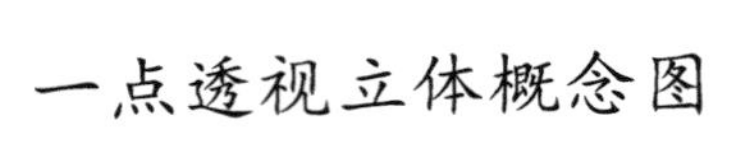
一点透视立体概念图

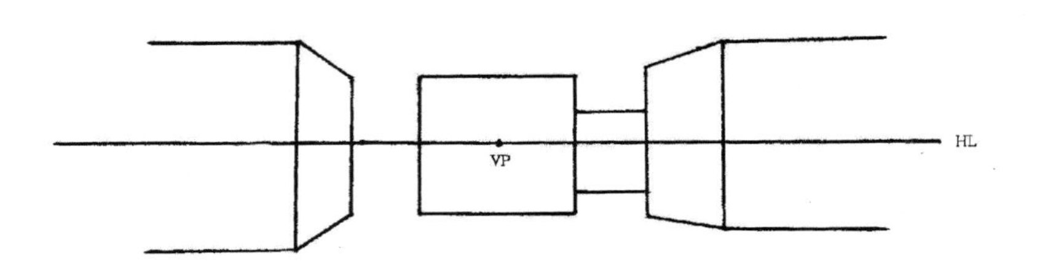
VP
HL

2015.11.17

两点透视

两点透视又叫成角透视，画面有两个消失点，物体的立面与视平线垂直，其余平面的延伸线消失于左右两侧的消失点。

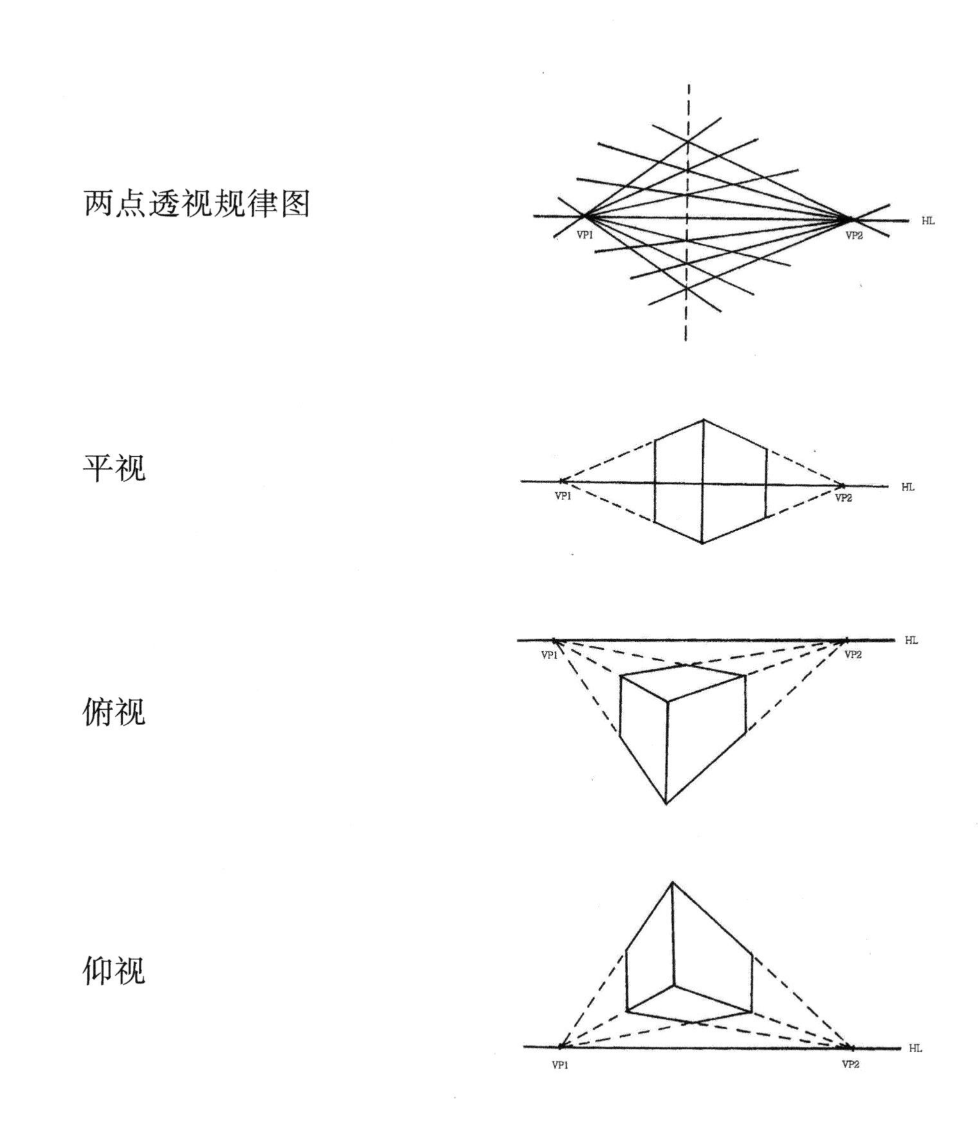

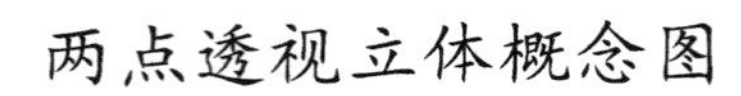
两点透视立体概念图

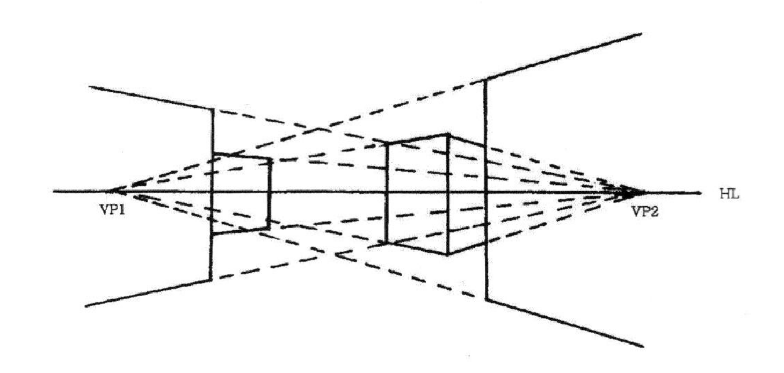
VP1
VP2
HL

2015 · 11 · 11

三点透视

三点透视又叫倾斜透视，是指对于一个物体进行过大的仰视或者俯视时产生的效果。当我们仰视时，视角由于过高，原有的平行于地平线的平行垂线消失于天点或者灭点，所形成的透视就叫做三点透视。

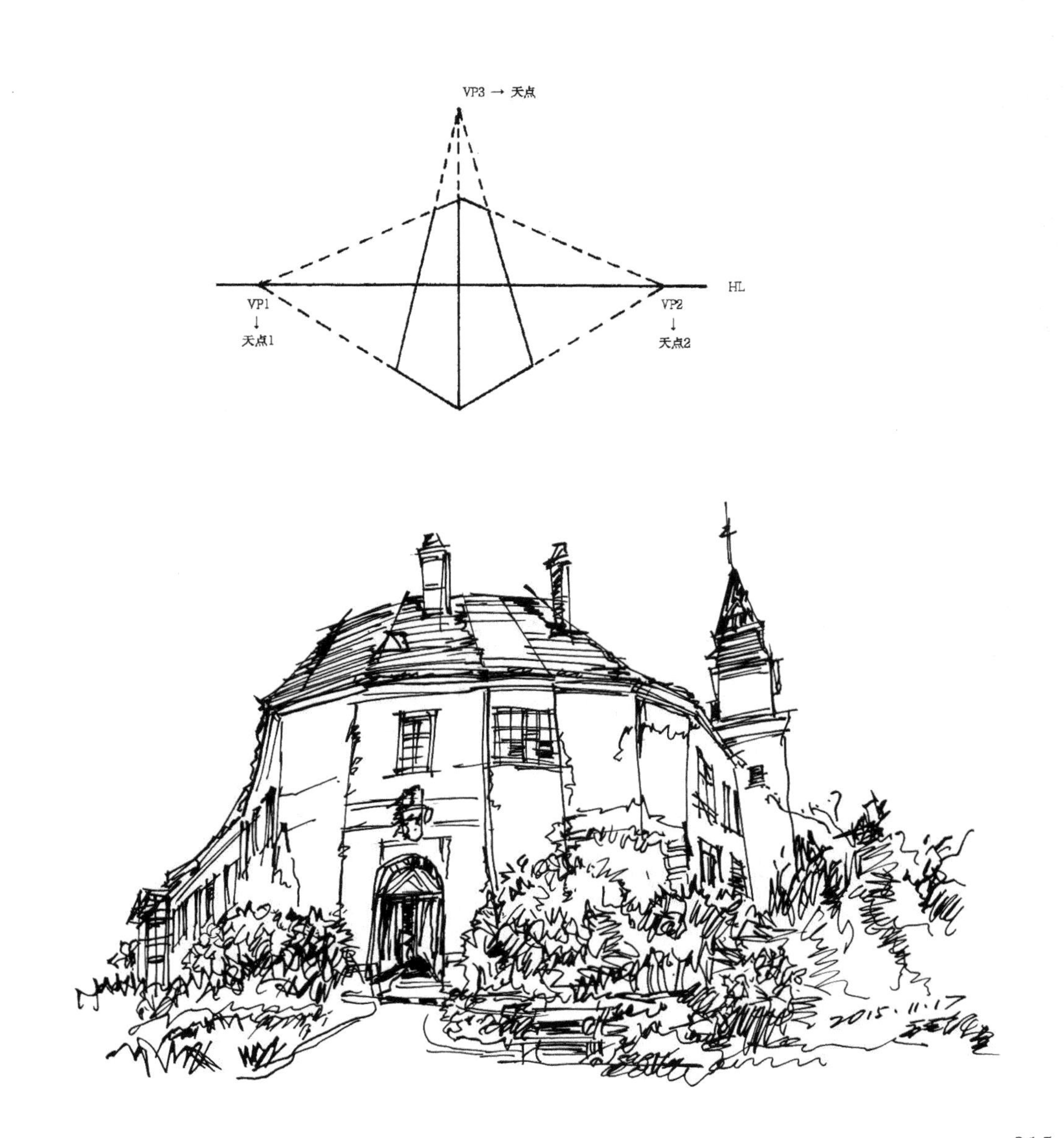

步骤

建筑的画法

步骤一：起轮廓阶段

观察所画对象，在纸上找好构图的位置后开始起轮廓。用较长的线条确定建筑的外轮廓和内轮廓。在此阶段中，要注意画面构图是否舒服，建筑的形态特点和比例关系是否准确。

步骤二：深入轮廓阶段

在大轮廓的基础上，画出门、窗、台阶的位置轮廓。在此阶段中，要控制好各个局部形象的位置、大小和它们之间的关系。

步骤三：总体塑造阶段

在轮廓的基础上，对建筑进行整体性的塑造，对体面、结构进行深入刻画，使画面呈现出一定的完整效果。

步骤四：深入刻画阶段

对画面做进一步的整体深入刻画，细致表现门窗、屋顶、墙面等。从结构、明暗等方面加以刻画，同时加上必要的配景，使画面更生动和完整。

步骤一：起轮廓阶段

步骤二：深入轮廓阶段

步骤三：总体塑造阶段

步骤四：深入刻画阶段

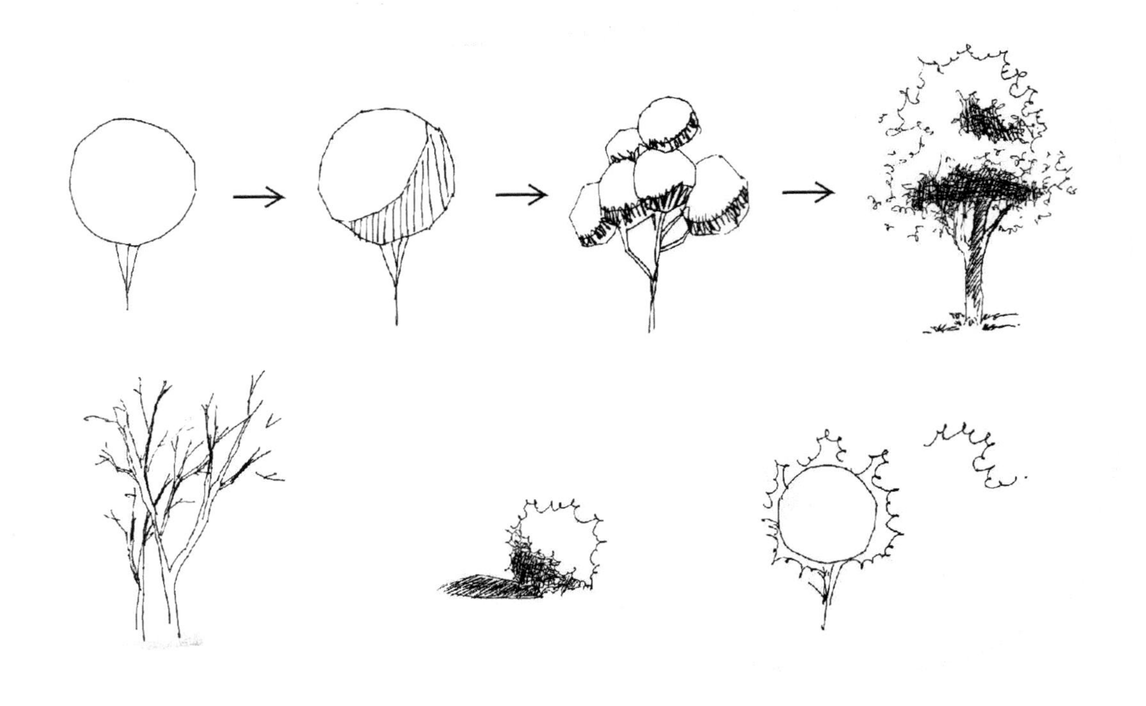

植物的画法

植物的描绘一般由几个平面组成，注意虚实结合。远近不同，表达则不同。平时可以尝试随手记录。

2015.11.30

赏析

在画面的前景、中景、近景的处理上，用线条的疏密分别开。楼宇之间高低错落的线条和车流的线条一起汇向地平线的远处。

层层叠叠的建筑结构，繁杂而不乱。注重线条的疏密对比，可使画面更具张力。留白的处理，使画面有一定的喘息空间。画面轻松自在。

画面给人一种苍老的故事感，安稳沉静。竖构图画面有趣、奇妙，优美苍老的大树和有时代感的门楼一起，构成一幅典雅的历史卷轴。

2015.10.16

2015.10.27

时代和人一样总会面临许多路口，不同的人对于路口也总有不同的情怀。

画面为成角透视。画面中心的浓重用笔与道路以及灌木对比有度，画面显得有张力，且使观者有更多的想象空间。

2015.11.16

城市，高楼与行色匆匆的人。

在这幅作品中，画面在表现都市复杂的建筑层次时，“抓大放小”，舍弃小的细节刻画，着重展示建筑的透视、比例、体块关系。线条随意却有秩序。城市一刻不停，但是在纸上，这一刻，时间静止了。

2015.11.21

城市，人群，在慌乱中被这样的高楼惊骇。

画面采用疏密对比的方法，主要刻画视觉中心的高楼，周围建筑几笔带过，却使画面显出楼宇间的隔离感。两侧的建筑逐渐消失，有很强烈的纵深感。随意勾画的车与路灯增强了画面的平衡感。

2015.11.21

高低参差的建筑节奏感强。画面笔触疏密的表达让画面中心更明显。线条虚实变化粗中有细。

2015.12.3

2015.10.20

画面中心本是一座普通的建筑，但画面前方细致地刻画了一盏路灯，与建筑相呼应，整个画面也与竖构图相映成趣。

2015.10.27

虽繁闹，却惬意。马车缓缓驶过，身后是古典与新式的建筑。

画面场景看似杂乱，但是作者重点在马车上，主次分明。背景渲染了这幅画的层次，明暗的对比以及线条的疏密张弛有度，突出了时代感。

古老质朴的建筑。

作者大量使用灰调，使人感受到浓厚的历史韵味。铺陈的笔调将有历史沧桑的民居营造得有气韵。

2015.10.20

华丽的拱顶，有特色的门窗。

画面整体高低错落，通过疏密对比表达节奏感。线条为画面主要的表现手法，辅以简单的明暗对比。画面突出强调了主体建筑物的韵味。通过繁简对比，画面中心也更加明确。

2015.11.12

画面大面积的留白处理，让人一眼就锁定主体。建筑的风格优雅、不累赘。

在表达画面的时候留白的处理再合适不过，左上角的枝叶丰富了画面，使画面更加优雅，也起到平衡构图的作用。

2015.12.1

画面前景留白，把人的目光引向画面深处。停泊的渔船，苍茂的大树，给欣赏者一种小桥流水人家的感觉。

作者用笔轻松明快，横构图使画面具有场景感，透视沿着河流消失。自然和谐。

2015.10.22

建设是城市的脚步，而它总是快于人们行走的脚步。偶然路过的街边，如今全新的高楼林立，小河还是那条河，缓缓流淌。

在画面上作者进行明暗、疏密的对比，使节奏感强烈。

GUESS
2015.11.12

建筑速写从来不要求画面有面面俱到的细致。

这幅画面笔触有胸有成竹的自信，感觉不到多余的笔触，自然简单，但是用笔的疏密，使画面中心突出。小树木的点缀使得整体画面轻松自然、张弛有度。

江南水乡。古典的韵味，既随意又雅致。

作者寥寥几笔勾勒出水乡的景致。为了呼应水乡的气息，作者采用疏密变化的对比，随意的水波，细致刻画的岸边民居，让画面饱满稳定。

2015.10.28

教堂，神圣、肃寂。

作者用笔调的虚实疏密变化突出了教堂这个建筑主体。前景的树与教堂形成联系，笔直向上，渲染一种向上的氛围。

一条市井巷道的紧凑生活，人们日出而作日落而息，没有尽头。

方形构图稳定，画面以线条为主，线条表达的明暗以及空间的对比，清晰地表达了生活于其中的人的生活感受。.

横构图自然舒展，生活百态舒展在纸上。城市场景繁多，但是作者删繁就简，画面中几笔勾勒的人物，丰富了画面，也渲染了氛围。

2015.11.20

这是一个平常却有趣的路口，横亘着的电线有着令人惊异的美感。电线本是杂乱的，但是作者却妙笔生花，很好地处理了电线与画面的关系。

作者在表现建筑的结构时，主次有别，整体画面高低有致，透视关系突出。作者舍弃小的装饰，注重大的起伏变化。人群的点缀也使画面的氛围更生活化，起到丰富画面的作用。

宽广的河道，悠闲的画风。画面笔触自然随意，给人风吹过来的感觉。房顶给人以高低错落的层次感。大量留白的河道，简单宁静，渲染了一种简约的氛围。

两点透视加上横构图的运用使这幅建筑素描层次丰富，具有趣味。生动的笔触表达了街头的生机。虚实的对比加强了视觉中心点，把主体衬托得更加明显。路灯也使画面更生动且有连贯性。

2015.11.4日

画面乱中有序，可见作者下笔前就胸有成竹。作者在笔触的处理上区分出主次，使主体建筑更显眼。四周的建筑呼应中心的节奏感，画面表达张弛有度，轻松自如。

2015.11.17

平凡生活的故事，也是丰富多彩的，一张纸怎么也表达不完。

作者在表达画面的时候用笔轻松，线条看似随意，却有节奏感。线条的疏密对比描绘了生活的气息，明暗的对比为生活增加色彩。画面的留白为观者留下适当的想象空间。

平铺直叙的热闹场景。虽然场景本身杂乱，看似无序，作者却别出心裁，巧妙合理地用大树突出画面上的视觉透视，近大远小，而前景中的人物在活泼画面的同时均衡了画面构图。

画面中的建筑突出的特点是占画面较大的位置。整个建筑与建筑周边的树林，自然和谐。建筑主体线条疏密对比轻松，略加明暗对比，画面具有张力。

作者的构图大量采用了留白，于视觉焦点上描绘散漫的街景。画面的留白，也给观者留足了想象的空间。

这是一处小道上的咖啡厅，路旁林荫漫漫，道路两旁停泊些许车辆。横版的构图安稳自然，透视就像下午茶一样缓慢雅致。

既松散又凝练的笔触，使画面显得更有故事。画面以线条为主，在局部加深明暗的小对比，细致刻画的高楼和画面右侧简单勾画的住房形成对比，使画面饱满有趣。

2015.11.24

饶有趣味、富有情调的异域建筑。

楼前的树和建筑之间有微妙的关系。作者刻画时虚实有度，突出了前景的树和建筑之间的关系，并且把握了建筑特征，主次分明。

这组建筑富有强烈的节奏感。作者在画面的表达上，用留白的方式，重点突出建筑主体。

线条的疏密对比，生动有力的笔触，使人感受到更有层次的空间。

2015.11.18

这座建筑的设计，不张扬，却极具个性。作者采用横构图，安稳舒展地表达建筑，用线简单，但却主次分明，使画面中心更突出。画面中的留白，不空旷也不多余，使得这幅作品轻灵生动。

神秘优雅的花园，雨后的空气濡湿清冽。

两点透视和横构图都给人以不急不慢徐徐道来的感觉。轻松的笔触，疏密与虚实的交替使画面层次叠加，相互交汇。

人间烟火的气息都在这街头巷尾里。

透视，对于速写来说是至关重要的，作者运用一点透视描绘市井生活。前景几笔带过，渐渐过渡到远景反而实在，实在之后又虚。这样透视关系的处理将对日常生活的体会挪到了纸上。生活气息浓厚。

神秘、端庄。哥特式建筑的特点在于楼顶，作者用笔在建筑的特点上，笔调繁简、疏密对比有度，突出画面中心。游人、植物，都用来衬托建筑风格。

竖构图仰角奇特，作者运用线条疏密对比，使画面主次有序，突出了门窗和墙面的对比，加以树的点缀，使画面层次更加丰富、虚实有度。大面积的留白让人有新奇的观感。

2015.10.27

方形构图稳定踏实。作者用笔触描绘了极具设计特色的建筑，画面以线条为主，结合局部明暗点缀。画面整体虚实有变化，突出了画面的中心。

画面完整，犹如有人和你静下心娓娓道来一个故事，关于建筑，也关于人。

虚实疏密的线条是这幅建筑速写的灵魂。细心刻画的建筑和随意的大树和灌木，形成对比，更加强调画面的视觉中心。

局促感以及生活感。

作者在近景的处理上几笔带过，重点放在中景的刻画上。画面黑白体块的对比，使画面张力十足。如果只是画一条街道，整个画面不会这么精彩，人物的点缀使这幅画面灵动有声。强烈的透视一直延伸到画面深处。

异域风情的建筑，房顶设计非常有特点。作者抓住房顶的特点加以描绘表达，少许的明暗对比，整体调子欢快。画面采用横构图，细致充分的绘制，抓住了建筑的特点。

2015.10.30

2015.11.14

作者用多与少的对比，增加画面感，营造了建筑构造特有的氛围。画面中的植物使整幅画有意境。

画面给人以童话般的感觉。

线条的疏密辅以明暗的结合，主体的实与周边的虚构建了和谐的画面，对于房顶的细致描绘彰显了建筑的特色。

2015.11.12

丰富的线条延伸到远方，似乎没有消失的尽头。

建筑造型设计很有现代感，弯曲的道路延伸到画面的中心，两点透视亦具有延伸感，使画面更有空间感。

现代建筑的节奏感很强。作者用以线条为主的画面表达，整体疏密有致。前景的汽车使画面更生动。路灯的出现，让画面不失重。

线条虚实的变化，黑白的节奏感，近景、远景处理的主次分明，使画面整体有气势，植物的点缀让画面有生机。

画面像是感受到了人间烟火，楼宇之间的人文气息扑面而来。

作者运用两点透视，画面有两个消失点，这样的构图用来画生活场景最好了，热闹却利索。

2015.11.20

虚幻中没真实。真实，却看着虚幻。

作者在这幅画里运用了强烈的黑白对比。摇晃的水中倒影和岸上的建筑，以及河水，自然、清新。

一座有趣的建筑，感受其中的魅力。

建筑速写不要求仔细刻画面面俱到。作者用笔在建筑的门窗上凸显建筑特色，疏密的笔触引导向画面中心。点缀的植物和小巷、车辆，使画面生动协调。

一点透视是速写中最基础、最常用的一种表现手法。画面通过线条的节奏以及疏密突出中心点。整个画面的关系简单明了。采用横构图适合单一建筑形象的表达。

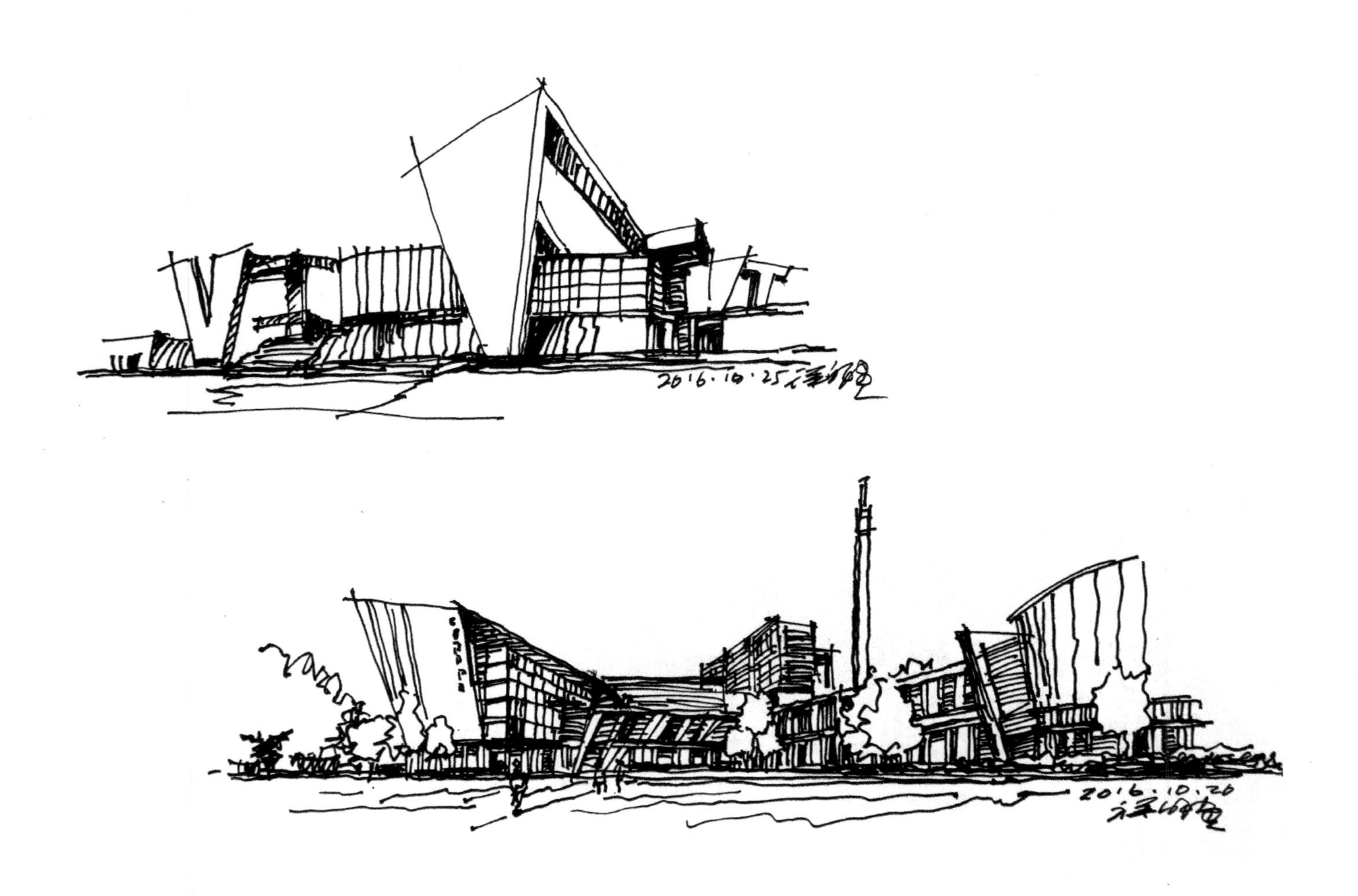
2016.10.25
2016.10.26

2016.10.27

2016.10.30

2016.11.4
2016.11.4

2016.11.2

2016.10.26

2018.10.30

2016.10.20

2016.11.2
2016.11.3

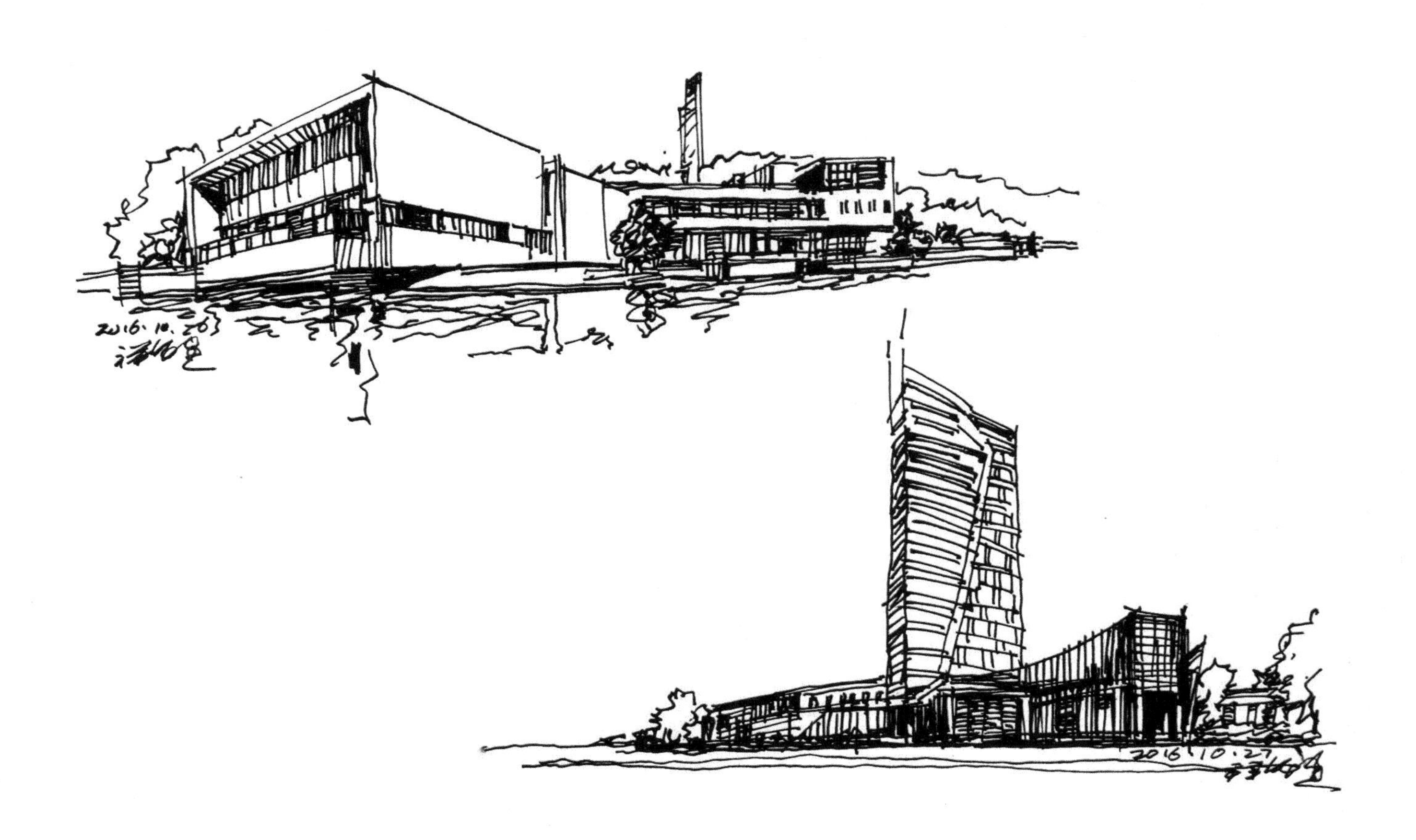

2016.11.3

2016.11.4

2016 · 10.17

2010.10.19

MART
2016.10.21

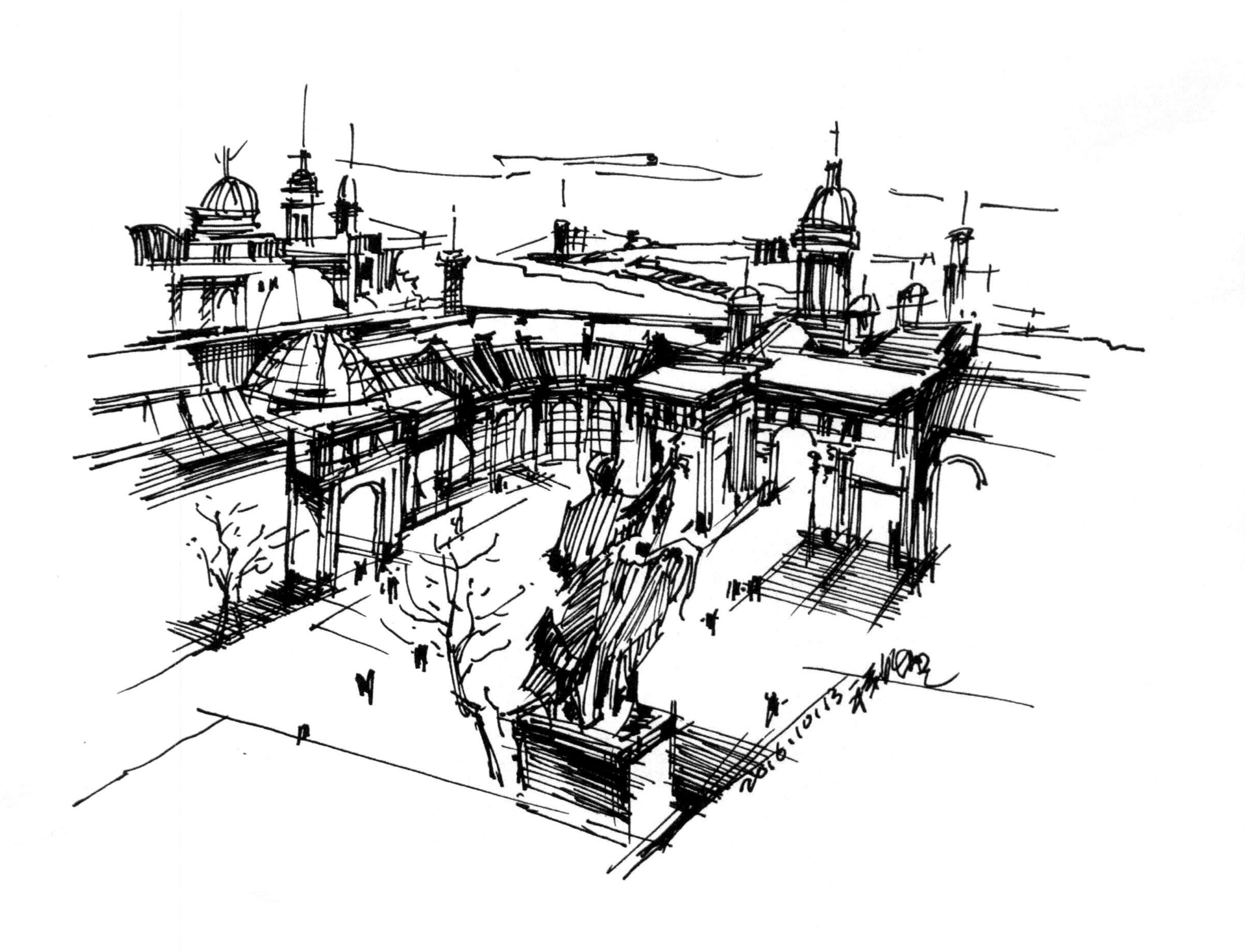
2016.10.13

2018.10.17

2016.12.19

2016、10、24.

街角巷尾，总给人感觉有故事。

作者运用近大远小、近高远低、近长远短的视觉变化，使画面疏密有序、主次有别，重点突出小街道的感觉。

2015.11.26.

2015.11.11.

一座古桥，见证多少兴衰变更，建造它的人虽早已不在，但是它还在这见证历史。入秋了，道旁的树叶枯了，只剩下光秃秃的树枝。

依河而建，临水而居。

画面整体错落有致，线条时而舒缓、时而密集，传达一种节奏感。前景的芦苇轻松有趣，与建筑相映成辉。

异域风情。马车、椰子树、别致的高楼，仿佛也看见了好天气。
构图为一点透视，给人以缓缓地消失却又没消失的感觉。

2015.11.2

幽寂神秘。

黑白色块的直接对比在这画面上产生神秘的气息。简单的线条，大树、灌木与建筑的精细对比，在一个方形构图的空间里，显得安稳、神秘。

悠远古老的建筑旁，有两个人在彷徨。

作者抓住建筑的特点，着重描述，用笔繁复，其余场景简单明了。突出建筑风格、古老的氛围，并通过茂密植被的掩映显得画面气质沉静安稳。

2015.12.7

这样大气雄浑的建筑适合用这种角度去表达。建筑的拱顶很有特色。前面排着队的人在丰富画面的同时，衬托了主体建筑的气度。

图书在版编目(CIP)数据

景观速写:钢笔的语言 / 胡祥龙著 .— 芜湖: 安徽师范大学出版社,2018.4 (2019.9重印)
ISBN 978-7-5676-3082-6

Ⅰ.①景… Ⅱ.①胡… Ⅲ.①景观设计－速写技法 Ⅳ.①TU983

中国版本图书馆CIP数据核字(2017)第213065号

景观速写：钢笔的语言 胡祥龙◎著

JINGGUAN SUXIE GANGBI DE YUYAN

责任编辑:桑国磊
装帧设计:桑国磊
出版发行:安徽师范大学出版社
芜湖市九华南路189号安徽师范大学花津校区
网　　址:http://www.ahnupress.com/
发 行 部:0553-3883578　5910327　5910310(传真)
印　　刷:江苏凤凰数码印务有限公司
版　　次:2018年4月第1版
印　　次:2019年9月第3次印刷
规　　格:787 mm×1092 mm　1/12
印　　张:15 $\frac{1}{3}$
字　　数:130千字
书　　号:ISBN 978-7-5676-3082-6
定　　价:68.80元
